木薯品种特异性、一致性和稳定性测试操作手册与拍摄技术规程

Operation manual and filming technical regulations for distinctness，uniformity and stability tests of *Manihot esculenta* Crantz

高 玲 徐 丽 张如莲 主编

中国农业出版社

《木薯品种特异性、一致性和稳定性测试操作手册与拍摄技术规程》编写人员

主　　编　高　玲　徐　丽　张如莲

副 主 编　刘迪发　应东山　王　明

编写人员　高　玲　徐　丽　张如莲　唐　浩　刘迪发

　　　　　应东山　魏云霞　李莉萍　王　明　王琴飞

　　　　　朱文丽

摄　　影　徐　丽　高　玲　刘迪发

关于本规程的说明

本规程是《植物品种特异性、一致性和稳定性测试指南　木薯》的补充说明，适用于我国木薯品种的DUS测试。

本规程参考以下文件制定：

1. TG/1/3《植物新品种特异性、一致性和稳定性审查及性状统一描述　总则》。

2. TG/CASSAV (PROJ.5) (REV.)A GUIDELINES FOR THE CONDUCT OF TESTS FOR DISTINCTNESS、UNIFORMITY AND STABILITY CASSAVA

3. GB 19557.1《植物新品种特异性、一致性和稳定性测试　总则》

4.《植物品种特异性、一致性和稳定性测试指南　木薯》

5.《植物新品种DUS测试数据处理方法》

6. TGP/8《DUS测试中统计学方法的应用》

7.《水稻新品种测试原理与方法》

8.《椰子新品种DUS测试操作与拍摄技术手册（试行)》

9.《甘蓝型油菜新品种测试操作手册》

本规程主要起草单位：中国热带农业科学院热带作物品种资源研究所／农业部植物新品种测试（儋州）分中心、农业部科技发展中心／农业部植物新品种测试中心。

本规程由木薯品种DUS测试操作程序、木薯品种DUS测试操作细则、木薯品种DUS测试性状照片拍摄规程三部分内容组成。

目　录

第一部分
木薯品种DUS测试操作程序

特异性（也称可区别性，distinctness）、一致性（uniformity）和稳定性（stability）是品种的基本属性。植物品种特异性、一致性和稳定性测试（简称DUS测试）是指依据相应植物种属的测试技术标准，通过田间种植试验或室内分析对待测品种的特异性、一致性和稳定性进行评价的过程。植物品种DUS测试是品种性状描述和定义的基本方法。DUS测试是一门综合性很强的应用技术，它涉及植物育种学、植物栽培学、植物学、植物分类学、遗传学、植物病理学、植物生理学、分子生物学、生物化学、农业气象学、农业昆虫学、生物统计与试验设计、生物技术等多个学科的知识与方法。作为国际公认的植物品种测试技术体系，植物品种DUS测试具有理论严谨、技术科学、结论可靠等多方面的优点。

DUS测试是品种管理的基础、品种鉴定的重要手段、品种维权执法的技术保障，又为品种选育提供了规范性指导。开展DUS测试主要有5个步骤（图1-1），本部分内容主要针对这5个步骤的操作中20余项环节进行全面的介绍，从而更好地指导与规范实际工作。

图1-1　开展DUS的步骤

一、测试样品

（一）样品的来源

目前，测试样品的来源主要分为以下三类：

一是农业部植物新品种保护办公室委托下达的植物新品种保护的DUS测试样品。

二是农业种子管理部门委托的审定品种或登记品种的DUS测试样品。

三是其他单位或个人委托的DUS测试样品。

（二）样品的类型

根据测试中样品的不同用途，将测试样品分为以下类型：

1. 待测样品（testing sample） 即用于申请保护/审定/登记品种的样品，由委托方提供。

2. 近似样品（similar sample） 指相关特征或者特性与待测品种最为相似品种的样品，可以是委托方提供的样品，也可以是测试机构根据测试的实际需求筛选的样品。

3. 对照样品（compare sample）（或标准样品） 用于评估待测样品某一个或某几个特征特性的参考样品。

4. 测试指南中的标准样品（example sample） 主要用于矫正误差，辅助判断测试结果。

（三）样品的数量和质量

1. 样品数量 以木薯种茎的形式提供，不少于45条。

2. 样品质量 选取成熟主茎的中、下部分，种茎应外观完整、健壮，充分成熟，髓部充实，无病虫侵害；其质量应符合以下要求：直径≥2.0cm，长度15.0～20.0cm，节间长度≤2.5cm。

（四）样品的接收

1. 农业部植物新品种保护办公室下达的DUS测试任务 对于农业部植物新品种保护办公室下达的植物新品种保护DUS测试任务，由农业部植物新品种测试中心（简称测试中心）在每年年初规定的时间内通过植物新品种保护办公系统将任务内容分配至测试机构（农业部植物新品种测试分中心）的任务列表，并将测试材料（繁殖材料）提交通知书以邮寄的方式交给测试分中心。

分中心负责人根据办公系统中的任务与测试材料（繁殖材料）提交通知书安排办公室人员及时确认任务及做好相关准备工作。当申请人亲自递交或邮寄繁殖材料时，负责测试人员做好相应核对检查工作，及时领取繁殖材料，第一时间对测试材料进行检查和核对，检查内容包括材料袋是否完整无破损、材料袋上的品种编号（名称）是否与下达的测试品种任务相符合、材料数量和质量是否满足测试需要、有无缺少或多出的材料等，现场核对人员至少为2人。若出现问题，一定要尽快与农业部测试总中心相关审查员联系沟通，确定解决方案。若无问题，分中心负责人在繁殖材料接收清单上签名，将清单寄回测试处，并留备份归入分中心相应的档案。

2.农业种子管理部门或其他单位和个人委托的DUS测试任务 根据协议，样品可采取面送或邮寄的方式提交，由专人负责样品的接收，仔细核查样品包装、数量、名称等基本信息是否与协议（附录1）、样品委托单（附录2）一致。若无疑义，仔细填写样品接收登记单，表头为"××分中心××年度木薯品种DUS测试样品接收登记单"，表格内容包括：序号、待测品种名称、近似品种名称、品种类型、测试周期、材料数量、材料来源等（附录3）。如果不一致，将当面或电话进行沟通处理。错误样品将按照样品委托单中选择的处理方式（销毁或寄回）进行处理。

（五）样品的安全存放

测试样品核查无误后，按不同测试周期进行分组，再按品种类型（常规种、杂交种等）分类排放，排放时按品种编号由小到大顺序将种茎假植于存放池内，避免无关人员接触。

二、筛选近似品种

近似品种的筛选原则上是在待测品种测试前或者测试中进行，必要时可以在完成规定测试周期后进行。一个待测品种可能会筛选出一个或多个近似品种。

（一）测试前的筛选

（1）根据待测样品的育种过程、亲本、品种系谱、文献资料等信息筛选。尤其是针对新的植物种类或已知品种数据库尚未完全建立的情况，可据此类信息辅助筛选。

（2）根据技术问卷性状筛选。从数据库中查找与技术问卷中提供的分组性状表达状态相同的已知品种。通过使用分组性状，选择与待测品种一起种植的近似品种，并把这些近似品种进行分组以方便特异性测试。木薯的分组性状为：①顶叶：茸毛；②叶片：中间裂片形状；③茎：Z形；④主茎：外表皮颜色；⑤主茎：内表皮颜色；⑥块根：肉色。查找时，质量性状的表达状态应一致，假质量性状的表达状态可上下浮动1个代码，数量性状的表达状态可上下浮动2个代码。

（3）根据待测样品的DNA指纹数据筛查。利用已建立的SSR等位基因数据库，对比待测品种和同组的已知品种的基因型数据，选择差异位点数少于4个的已知品种和其他待测品种作为近似品种。

将通过以上方式筛选出的近似品种与待测品种进行同组种植，验证技术问卷性状是否与观测到的性状数据一致，验证分组是否正确，并形成待测样品的品种描述。

（二）测试中的筛选

根据第一个生长周期测试所形成的品种描述，利用数据与图像进行近似品种的筛选。

如果技术问卷性状与观测到的性状数据一致，即第一测试周期的分组正确时，采用代码比较法，在同一组内进行比较，将假质量性状表达状态差异大于1个代码，数量性状表达状态差异大于2个代码的品种排除，筛选出该待测品种的最近似品种，进行第二个生长周期的测试。

同时，利用第一个生长周期测试得到的品种描述与其他组别测试样品进行代码比对，排除质量性状表达状态不同，假质量性状表达状态差异≥2个代码，数量性状表达状态差异≥3个代码的品种，筛选得到的近似品种与前面筛选出的近似品种一起作为同一组测试材料进行第二年测试。

如果技术问卷性状与观测到的性状数据不一致，即第一测试周期的分组不正确时，则根据第一年测试所得的待测品种的性状描述与数据库中已知品种测试性状数据和当年其他组别测试样品的性状数据进行比对，重新筛选该待测品种的最为近似品种，进行第二年测试。

（三）测试后的筛选

在编制和审核测试报告时进行筛选，对待测品种的特异性作出判定。当完成规定的测试周期后，出现2个周期性状表达状态不一致或近似品种的表达状态与数据库中的描述不符等异常情况时，需要再次进行近似品种的筛选，并延长测试周期。

三、制定试验方案

测试员根据测试任务、《植物品种特异性、一致性和稳定性测试指南　木薯》的要求和木薯生长栽培特点，制定田间种植与测试方案，内容包括：不同类型或不同测试周期样品的种植日期、参试样品田间种植清单（类型、数量、样品名称、编号等）、田间试验设计、田间种植平面图、栽培管理措施、测试方法、性状观测记录表、工作记录表等。

（一）田间试验设计

1.测试周期与地点　木薯品种DUS测试的周期至少为2个独立的生长周期。测试通常在同一个地点进行。选择测试地点时，须充分考虑环境条件能满足测试品种植株正常生长及其性状正常表达的要求。如果某些性状在该地点不能充分表达，可考虑在其他符合条件的地点对其进行测试。为了便于田间管理和测试方便，一般将不同测试周期的待测样品分组布置。样品量较大的情况下，可考虑将第一测试周期的待测样品与第二测试周期的待测样品分两个批次进行种植。

2.试验设计内容　内容包括试验地点、地块面积、试验地土质、前茬作物、种植方式、区组划分、品种排列、小区面积、株距、行距、行数、每行定植株数、重复次数、标准品种种植设计等。待测品种与近似品种相邻种植，标准品种和测试品种要在同一环境中种植。

以"2016-儋州-木薯-1"试验为例：以平放方式种植，每个小区不少于15株，株行距80 cm×100 cm，共设2个重复。试验地为花岗岩砖红壤，前作为冬闲地，肥力中等（全氮0.85g/kg，有机质14.39g/kg，有效磷10.3mg/kg，速效钾163mg/kg），分布均匀。4月20日种植，顺序排列，以平放方式种植，待测品种与近似品种相邻排列。小区行长4.8m，株行距为80 cm×100 cm，每行6株。待测品种与近似品种均为5行30株，小区面积为24.0m²（4.8m×5.0m），设2次重复。标准品种种植2行12株，不设重复。试验田四周设置保护行。

（二）编写田间种植清单

表头为"××年度木薯DUS测试品种田间种植排列单"。内容为：序号、区号、品种名称、小区行数、测试周期、第几次重复、品种类型等（附录4）。

（三）绘制田间种植平面图

确定好田间排列种植单后，根据试验地具体情况，绘制田间种植平面图，手绘或电脑制图，详细标明试验地块的长和宽、区间道路位置、区组划分、小区行数、小区排列、区间隔离作物、四周保护行面积等（附录5）。

四、栽培管理

（一）试验地准备

选择具有当地木薯种植区代表性土壤、肥力均匀、排灌方便、地势较平坦、大小合适的田块。根据试验进度及时安排翻耕、旋耕、平整等备耕工作，准备定植试验地。由于木薯是块根、深根作物，一般块根入土深达25～30cm。因此，整地必须深厚，松碎，才能有利于块根的生长。一般要求深耕25～30cm，不能浅于20cm。

（二）划地

于种植前几天，按照绘制完成的田间种植图，对整理好的地块进行划区，同时在每个小区插上标牌，标牌上写明小区编号和品种编号。划地完成后，试验地块的田间布置和小区排列顺序应该与种植平面图完全一致。

（三）定植

事先将准备好的种茎按照田间排列种植单上的顺序排放在种茎箱内，写上相应的小区编号。应该注意的是，在小区种植时应首先确认种茎箱的区号和品种编号完全与种植小区标牌一致后，再进行种植。一般在2、3、4月气温稳定在14℃以上时，土壤水分适宜，便可定植。定植时，挖穴或开沟5～8cm，将种茎按株行距对准，近似水平埋放于定植沟中，边回土边压实，一般覆土为6cm左右。木薯定植后7～10d可发芽出土。定植后20d左右要到田间进行查苗，并及时补缺。当苗高至15～20cm时，对多苗的穴进行选苗、间苗，一般每穴只选留粗壮苗1株。

（四）田间管理

各小区田间管理应严格一致，同一管理措施应同日完成。主要包括除草、中耕、施肥、病虫害防治等内容。管理应及时、恰当，不能使用植物生长调节剂。

1. 除草　选择无风天气，最好在雨季前，喷施短效除草剂，喷后田间封闭，4d内不破坏土层。木薯的块根需要有土质疏松、通气良好的表土层才能发育良好。在定植后1周内，进行萌前除草，如果犁耕后无杂草，可使用乙草胺杀死杂草种子，如有较多杂草，可加入草甘膦混合施用。

2. 中耕　定植后30 ~ 40d，苗高15 ~ 20cm时，就可进行第一次中耕除草，促进幼苗生长。定植后60 ~ 70d可进行第二次中耕除草。定植后90 ~ 100d，如果需要，可进行中耕松土，增加土壤透气性和蓄水能力，并达到控制杂草的目的。

3. 施肥　木薯吸收氮素的时间早，吸钾次之，吸磷最迟，因此在施肥上应注意质量和时间。

一般在木薯定植后1个月左右，苗高20cm左右，结合除草，离木薯茎部20cm远处挖穴5 ~ 8cm深，一次全施。一般每667m²地块的施肥量为尿素20kg或碳酸氢铵50kg，钙镁磷肥50kg和氯化钾20kg，分壮苗肥、结薯肥和壮薯肥3次施入，其中壮苗肥占20%，结薯肥占40%，其余40%作壮薯肥。施肥时应距离总茎10 ~ 15cm，深12 ~ 15cm。也可分基肥、追肥两次施用，其中基肥40%，追肥60%。由于木薯长根慢，幼根的吸收力弱，所以齐苗后应对其进行叶面施肥2 ~ 3次，可喷施沃田宝1次。每15kg水用25 ~ 50g，以促根催茎叶生长。

4. 病虫害防治

（1）木薯生长期间主要病害。

①木薯细菌性枯萎病。危害木薯最严重的病害之一。危害完全展开的成熟叶片，然后由下而上逐渐扩散。危害时，先侵染叶缘或叶尖，出现水渍状病斑，并迅速扩大，病斑常溢出黄色胶乳，然后叶片萎蔫脱落，严重时嫩梢枯萎，甚至全株死亡。病原菌常通过带病的植株插条或育种材料的有性种子进行传播（图1-2）。防治措施：选用无病种植区的健康植株作为繁殖材料。

图1-2 木薯细菌性枯萎病症状

②木薯细菌性角斑病。主要特征是出现水渍状角斑，散生于叶片各部位，可见黄色胶乳状物，开始侵染时叶缘出现黄晕状，然后扩大联合，变成黑褐色，造成叶片变黄而脱落（图1-3）。防治措施：一是选用抗病健康品种植株作为繁殖材料；二是清理病株残体进行焚烧。

图1-3 木薯细菌性角斑病症状

③木薯褐色角斑病。发病时叶片两边出现不规则的褐斑，病斑边缘界限明显并呈深绿色，严重时叶片变黄，干枯脱落。一般在高温多雨季节发生（图1-4）。防治措施：一是选用抗病健康品种植株作为繁殖材料；二是清理病株残体进行焚烧。

图1-4 木薯褐色角斑病症状

④非洲花叶病。由粉虱传播。症状：植株生长早期，叶片黄化和变形。植株叶片普遍变小，特别是在黄化的叶片上表现更明显（图1-5）。防治措施：做好检验检疫工作，使用抗病健康品种植株作为繁殖材料。

图1-5 木薯非洲花叶病症状

（2）木薯生长期间主要虫害。

①木薯单爪螨。主要危害植株上部生长点、嫩叶和茎干绿色部分。开始时出现黄色小点，后变为较大的青铜色花叶状斑点，残留叶片畸形生长。危害严重时叶面积明显减少，茎干粗糙、变褐，引起落叶和茎干从顶部到基部坏死，甚至植株矮化、分枝多（图1-6）。防治措施主要有：一是选用抗螨品种；二是利用天敌；三是采用40%氧化乐果乳油1 500～2 000倍液，或25%杀虫脒1 000～1 500倍液，进行喷杀。

图1-6 木薯单爪螨危害状

②木薯棉叶螨。危害植株基部成熟叶，然后扩展到上部叶片。木薯棉叶螨危害基部叶片更明显，开始的症状基本发生在基部叶片的中脉上。最初被侵袭部位变成红色或铁锈色。落叶从基部开始一直到顶部，如遇上持续干旱，可导致植株死亡（图1-7）。防治措施：一是选用抗螨品种；二是利用天敌；

三是采用40%氧化乐果乳油1 500～2 000倍液，或25%杀虫脒1 000～1 500倍液，进行喷杀。

图1-7　木薯棉叶螨危害状

　　③木薯小爪螨。在底部和中间叶背面，边缘沿着中脉和侧脉，在雌螨结的小网上可以发现有小爪螨的存在。在叶正面上，可观察到有黄色小点，随后变为褐色（图1-8）。防治措施：一是选用抗螨品种；二是利用天敌；三是采用40%氧化乐果乳油1 500～2 000倍液，或25%杀虫脒1 000～1 500倍液，进行喷杀。

图1-8　木薯小爪螨症状

　　5. 合理供水　木薯虽然耐旱，忌积水，但长期干旱尤其是在定植后60～70d木薯块茎形成期缺水，势必影响其对营养的吸收，从而对其生长发育产生障碍，影响植株性状的正常表达。因此，此时注意及时供水，保持土壤湿润。

五、性状观测（性状文字数据采集）

依据《植物品种特异性、一致性和稳定性测试指南 木薯》总体的技术要求，参照本操作手册，开展品种性状观测工作。事先制定好"××年度木薯品种生育期记录表"（附录6）、"××年度木薯品种目测性状记录表"（附录7）、"××年度木薯品种测量性状记录表"（附录8）、"××年度木薯品种图像数据采集记录表"（附录9）、"××年度木薯品种收获物记录表"（附录10）、"××年度木薯品种栽培管理记录及汇总表"（附录11）等系列记录表，在《植物品种特异性、一致性和稳定性测试指南 木薯》规定的时期内，对测试品种进行性状观察和测量，做好数据记录和工作记录（非常重要的原始档案），原始记录必须经过复核和审核。

（一）测试性状

根据测试需要，将指南性状分为基本性状与选测性状，基本性状是测试中必须观测的性状，选测性状是在基本性状不能区别待测品种和近似品种时可选择测试的性状。基本性状又分为三类，即质量性状（QL）、数量性状（QN）和假质量性状（PQ）。

（二）观测时期

性状观测应在《植物品种特异性、一致性和稳定性测试指南 木薯》表A.1和表A.2列出的生育阶段进行。生育阶段描述见《植物品种特异性、一致性和稳定性测试指南 木薯》表B.1。

木薯测试性状的观测主要集中在分枝期、盛花期和成熟期。

（三）观测方法

性状观测应按照《植物品种特异性、一致性和稳定性测试指南 木薯》表A.1和表A.2规定的观测方法进行，具体性状的观测方法和分级标准见本规程第二部分。

采用的四种观测方法为：群体目测（VG）、个体目测（VS）、群体测量（MG）和个体测量（MS）。

群体目测：对一批植株或植株的某器官或部位进行目测，获得一个群体记录。

个体目测：对一批植株或植株的某器官或部位进行逐个目测，获得一组个体记录。

群体测量：对一批植株或植株的某器官或部位进行测量，获得一个群体记录。

个体测量：对一批植株或植株的某器官或部位进行逐个测量，获得一组个体记录。

（四）观测数量

除非另有说明，个体观测性状(MS)植株取样数量不少于10个，在观测植株的器官或部位时，每个植株取样数量应为1个。群体观测性状(VG、MG)应观测整个小区或规定大小的混合样本。

（五）数量性状分级标准

对于数量性状的分级标准，具体见本规程的第二部分，测试机构会根据当年标准品种性状的表达状态作适当调整。

六、图像数据采集

根据DUS测试报告的要求，以及已知品种数据库建设的需要，在测试过程中应及时采集测试品种的图像数据。对需要拍摄照片的性状，按照本规程第三部分的要求进行拍照。每一个木薯待测品种，在完成DUS测试工作后，应提供1～3张特异性状照片；对一致性和稳定性不合格的性状，也应提供相应照片。如果待测品种无特异性，则应提供3张以上证明无特异性的主要形态性状的对比照片。反映特异性的照片，拍摄时须选择待测品种与近似品种差异最为直观、明显且具代表性的性状。照片内所显示的品种性状信息应与田间实际表现和完成的测试结果报告相符合。此外，测试中遇到的异常情况或特殊情况需要采集相关照片。

七、数据处理和分析

测试数据应及时整理，并按照DUS测试要求进行处理和分析，形成适于DUS测试判定的处理结果。目测性状测试结果以代码及表达状态表示；测量性状测试结果以数据、代码及表达状态表示。

八、特异性、一致性及稳定性判定

(一)总体原则

对采集的品种性状数据和图片,按照《GB/T19557.1—2004植物新品种特异性、一致性和稳定性测试指南 总则》和《植物品种特异性、一致性和稳定性测试指南 木薯》的要求,进行统计分析,形成适于DUS测试判定的处理结果。

(二)特异性的判定

待测品种应明显区别于所有已知品种。在测试中,当待测品种至少在一个性状上与近似品种具有明显且可重现的差异时,即可判定待测品种具备特异性。

(三)一致性的判定

一般采用异型株法来判定待测品种是否具备一致性。

对木薯一致性判定时,采用1%的群体标准和至少95%的接受概率。当样本数量为15~35株时,最多可以允许有1个异型株;当样本数量为36~45株时,最多可以允许有2个异型株。

异型株:同一品种群体内处于正常生长状态,但其整体或部分性状与绝大多数典型植株存在明显差异的植株。测试材料中与待测品种完全不同或不相关的植株,既不能将其视为异型株,也不能将其视为该品种,如果这些植株的存在不影响测试所需植株数量或测试进程,则可忽略。反之,则不可忽略。

变异度:异型株占总观测植株的百分率。

(四)稳定性的判定

如果一个品种具备一致性,则可认为该品种具备稳定性。一般不对稳定性进行测试。

必要时,可以种植该品种的下一代种茎,与以前提供的繁殖材料相比,若性状表达无明显变化,则可判定该品种具备稳定性。

杂交种的稳定性判定,除直接对杂交种本身进行测试外,还可以通过对其亲本系的一致性和稳定性鉴定的方法进行判定。

九、测试报告编制

完成2个生长周期测试后，测试员根据2年的数据分析结果，结合测试过程中有关品种表现的详细记录，对测试品种的特异性、一致性和稳定性进行判定和评价，在线完成测试报告的编制和提交。测试分中心技术负责人对测试报告的数据、结果等进行全面审核，审核通过后在线提交给测试分中心主任（或副主任）批准。批准人、审核人发现有问题或有疑问的测试报告，直接反馈给相关责任人，需要重新编制的报告须逐级退回。

测试报告由报告首页、性状描述表和图像描述三部分组成（附录12）。此外，可能出现下列情况：

①待测品种不具备一致性，报告中须附上"一致性测试不合格结果表"（附录13）。

②待测品种不具备特异性，报告中须附上"性状描述对比表"（附录14）。

③必要时，报告中需附上某个数量性状的具体统计分析表。

测试报告在线批准后，测试员即可在线生成和打印正式测试报告，并按要求在"图像描述"页面贴上所需照片。纸质测试报告一式三份，相关人员签字和盖章后，两份上交测试中心或者其他委托人，一份副本测试分中心归档保存。

十、问题反馈与处理

若测试过程中出现了问题，应及时向主管部门和审查员或其他委托人反馈，征求处理意见。例如，当发生播种后出苗率低、植株不能正常生长、自然灾害或人为因素造成试验材料或数据损失等情况，要及时汇报沟通，并采取切实有效的补救措施。

十一、收获物处理

测试品种块根、茎干部位性状测试结束后，要对小区所有成熟块根、茎干进行收获。选留一定数量的主茎作为验证试验所需，剩余的收获物，全部进行混杂粉碎处理。

十二、测试资料归档

测试工作要实事求是，测试过程中产生的一切数据、文字、图像等纸质或电子版资料，都应及时整理归档保存，包括测试任务书、品种接收单、品种田间种植清单、田间种植平面图、试验实施方案、栽培管理记录、性状测试（数据采集）记录表、数据处理备忘录、测试报告、测试工作总结、图像资料、参加会议或交流培训活动的纪要或学习资料、上级管理部门下发的文件、内部文件以及其他相关资料。

第二部分

木薯品种DUS测试操作细则

一、符号

下列符号适用于本部分：

MG：群体测量

MS：个体测量

VG：群体目测

VS：个体目测

QL：质量性状

QN：数量性状

PQ：假质量性状

*：标注性状为UPOV用于统一品种描述所需要的重要性状，除非受环境条件限制性状的表达状态无法测试，所有UPOV成员都应使用这些性状。

二、木薯发育进程

（一）幼苗期

在气温21℃以上，木薯定植后7～10d可发芽出土，定植后60d为幼苗期。它是生育过程中根生长的最盛期，但此期植株生长缓慢，幼苗生长初期所需的养料，主要靠种茎贮藏的养分供应，种茎新鲜而健壮的发根多，伸长快，根系发达。

（二）块根形成期

定植后60～100d为块根形成期，其中70～90d为结薯盛期。定植后90d，块根的数量和长度已基本稳定，每株通常有5～9条。块根形成的早晚和数量除品种特性外，与水肥条件、土壤环境的关系也很密切。在土壤疏松、湿润、养分充足的条件下，块根形成早且数量多。在块根形成期如果土壤板结或严重干旱和缺肥，就会减少块根的数量和产量。

（三）块根膨大期

在生产上把块根形成期至收获前的生长过程称为块根膨大期。这时茎叶生长量很大，叶量达到全生长期的最高峰，此后开始脱落，随着时间的推移，叶片逐渐大量脱落，块根增粗随之减慢。

（四）块根成熟期

一般栽植后8～12个月，块根已充分膨大，地上部分几乎停止生长，叶片大部脱落，块根也基本停止增粗，含水量减少，这时为块根成熟期，可开始收获。

根据上述木薯的发育进程，制定了木薯生育阶段表（表2-1），便于测试时期的数字化表达和描述。

表2-1　木薯生育阶段表

编号	生育阶段	描　　述
20	分枝期	小区≥30%的植株出现一级分枝
30	开花期	
31	初花期	小区≥5%的植株花开放
35	盛花期	小区≥50%的植株花开放
38	末花期	小区≥90%的植株花已开放
40	成熟期	从种植到成熟采收的时间。早熟品定植后180d，中熟品定植后240d，晚熟品定植后300d

三、数量性状分级标准

不同的生态区域，应根据标准品种性状的表达情况和本生态区域的品种特性，制定一套适合本生态区域数量性状的分级标准。本部分数量性状分级为海南儋州分级标准。另外，对于某一个测试点来说，当年部分数量性状的分级标准，还应根据本年度标准品种性状的表达情况作适当的调整。

四、性状调查与分级标准

（一）性状观测与分级

性状1 *顶叶：颜色

★性状类型：PQ，VG。

★观测时期：分枝期（20）。

★观测部位：顶端未展开嫩叶。

★观测方法：目测顶端未展开嫩叶的颜色。观测整个小区，对照标准品种，并按表2-2进行分级。如小区内性状表达不一致，应调查其一致性。

表2-2　顶叶：颜色分级

表达状态	浅绿色	深绿色	紫绿色	紫色
代码	1	2	3	4
标准品种	桂热4号	宝岛9-1	ZM96114	海南红心
参考图片				

在田间操作中代码3除标准品种的表达状态外，有多种表达状态，如图2-1，均归为紫绿色。

图2-1　紫绿色表达状态

性状2　*顶叶：茸毛

★性状类型：QL，VG。

★观测时期：分枝期（20）。

★观测部位：顶端未展开嫩叶。

★观测方法：目测顶端未展开嫩叶的茸毛。观测整个小区，对照标准品种，并按表2-3进行分级。如小区内性状表达不一致，应调查其一致性。

表2-3　顶叶：茸毛分级

表达状态	无	有
代码	1	9
标准品种	华南6068	华南1585-13
参考图片		

性状3　叶片：颜色

★性状类型：PQ，VG。

★观测时期：分枝期（20）。

★观测部位：植株第一完全展开叶。

★观测方法：目测植株第一完全展开叶的颜色。观测整个小区，对照标准品种，并按表2-4进行分级。如小区内性状表达不一致，应调查其一致性。

表2-4　叶片：颜色分级

表达状态	浅绿色	中等绿色	深绿色
代码	1	2	3
标准品种	华南10号	D25	华南124
参考图片			

（续）

表达状态	紫绿色	紫红色	浅褐色
代码	4	5	6
标准品种	华南7号	宝岛9-2	E985
参考图片			

表达状态	中等褐色	浅紫色	中等紫色
代码	7	8	9
标准品种	海南红心	E320	
参考图片			

性状4 *叶片：彩斑

★性状类型：QL，VG。

★观测时期：分枝期（20）。

★观测部位：植株整株叶片。

★观测方法：目测植株整株叶片彩斑有无。观测整个小区，对照标准品种，并按表2-5进行分级。如小区内性状表达不一致，应调查其一致性。

表2-5 叶片：彩斑分级

表达状态	无	有
代码	1	9
标准品种		花叶木薯
参考图片		

（续）

参考图片		

性状5 叶片：下表面主叶脉颜色

★性状类型：PQ，VG。

★观测时期：分枝期（20）。

★观测部位：植株中部成熟叶片。

★观测方法：目测植株中部成熟叶片下表面主叶脉的颜色。观测整个小区，对照标准品种，并按表2-6进行分级。如小区内性状表达不一致，应调查其一致性。

表2-6 叶片：下表面主叶脉颜色分级

表达状态	乳白色	浅绿色	中等绿色
代码	1	2	3
标准品种	华南5号	华南8号	宝岛9-1
参考图片			

表达状态	浅红色	紫红色
代码	4	5
标准品种	华南7号	文昌红心
参考图片		

性状6 叶片：中间裂片形状

★性状类型：PQ，VG。

★观测时期：分枝期（20）。

★观测部位：植株中部成熟叶片。

★观测方法：目测植株中部成熟叶片，按照最大相似原则确定中间裂片的形状。观测整个小区，对照标准品种，并按表2-7进行分级。如小区内性状表达不一致，应调查其一致性。

表2-7 叶片：中间裂片形状分级

表达状态	倒卵形	椭圆形	披针形	提琴形	戟形	线形
代码	1	2	3	4	5	6
参考图片						

性状7 叶片：裂片数

★性状类型：QL，VG。

★观测时期：分枝期（20）。

★观测部位：植株中部成熟叶片。

★观测方法：目测植株中部成熟叶片的裂叶数，以出现最多的情形为准。观测整个小区，对照标准品种，并按表2-8进行分级。如小区内性状表达不一致，应调查其一致性。

表2-8 叶片：裂片数分级

表达状态	≤5裂	7裂	9裂	＞9裂
代码	1	2	3	4
标准品种	华南11号	华南5号	华南205号	

（续）

参考图片	

性状8　叶片：中间裂片长度

★性状类型：QN，VG/MS。

★观测时期：分枝期（20）。

★观测部位：植株中部成熟叶片。

★观测方法：目测或测量（图2-2）植株中部成熟叶片中间裂片的长度。观测整个小区，对照标准品种，并按表2-9进行分级。如小区内性状表达不一致，应调查其一致性。

表2-9　叶片：中间裂片长度分级

表达状态	极短	极短到短	短	短到中	中	中到长	长
代码	1	2	3	4	5	6	7
标准品种			华南11号		华南7号		华南10号
裂片长度（cm）	≤11.5	11.6～14.5	14.6～17.5	17.6～20.5	20.6～23.5	23.6～26.5	≥26.6

1. 叶柄长
2. 叶片中间裂片长度
3. 叶片中间裂片宽度

图2-2　叶片测量方法示意图

性状9　叶片：中间裂片宽度

★**性状类型**：QN，VG/MS。

★**观测时期**：分枝期（20）。

★**观测部位**：植株中部成熟叶片。

★**观测方法**：目测或测量（图2-2）植株中部成熟叶片中间裂片最宽处的宽度。观测整个小区，对照标准品种，并按表2-10进行分级。如小区内性状表达不一致，应调查其一致性。

表2-10　叶片：中间裂片宽度分级

表达状态	极窄	极窄到窄	窄	窄到中	中	中到宽	宽
代码	1	2	3	4	5	6	7
标准品种			ZM7901		华南5号		华南6068
裂片宽度（cm）	≤1.5	1.6～2.5	2.6～3.5	3.6～4.5	4.6～5.5	5.6～6.5	≥6.6

性状10　*叶柄：颜色

★**性状类型**：PQ，VG。

★**观测时期**：分枝期（20）。

★**观测部位**：植株中部成熟叶。

★**观测方法**：目测植株中部成熟叶的叶柄。观测整个小区，对照标准品种，并按表2-11进行分级。如小区内性状表达不一致，应调查其一致性。

表2-11　叶柄：颜色分级

表达状态	黄绿色	绿色	红绿色	红色	紫色
代码	1	2	3	4	5
标准品种	ZM8229	Royang72	C413	华南8002	海南红心
参考图片					

性状11 叶柄：长度

★性状类型：QN，MS。

★观测时期：分枝期（20）。

★观测部位：植株中部成熟叶。

★观测方法：测量（图2-2）植株中部成熟叶叶柄的长度。观测整个小区，对照标准品种，并按表2-12进行分级。如小区内性状表达不一致，应调查其一致性。

表2-12 叶柄：长度分级

表达状态	极短	极短到短	短	短到中	中	中到长	长
代码	1	2	3	4	5	6	7
标准品种					华南6号		
叶柄长度（cm）	≤15.0	15.1～20.0	20.1～25.0	25.1～30.0	30.1～35.0	35.1～40.0	≥40.1

性状12 *叶柄：相对于主茎姿态

★性状类型：PQ，VG。

★观测时期：分枝期（20）。

★观测部位：植株中部1/3处。

★观测方法：目测植株中部1/3处叶柄相对于主茎姿态。观测整个小区，对照标准品种，并按表2-13进行分级。如小区内性状表达不一致，应调查其一致性。

表2-13 叶柄：相对于主茎姿态分级

表达状态	半直立	平展	下垂
代码	1	2	3
参考图片			

性状13 *托叶：长度

★性状类型：QN，VG。

★观测时期：分枝期（20）。

★观测部位：植株上部1/3处。

★观测方法：目测植株上部1/3处托叶的长度。观测整个小区，对照标准品种，并按表2-14进行分级。如小区内性状表达不一致，应调查其一致性。

表2-14 托叶：长度分级

表达状态	极短	极短到短	短	短到中	中	中到长	长
代码	1	2	3	4	5	6	7
标准品种			华南9号		华南201		南植188
托叶长度（cm）	≤0.5	0.6~0.8	0.9~1.1	1.2~1.4	1.5~2.0	2.1~2.6	≥2.7

性状14 *托叶：叶缘

★性状类型：QL，VG。

★观测时期：分枝期（20）。

★观测部位：植株上部1/3处。

★观测方法：目测植株上部1/3处托叶叶缘。观测整个小区，对照标准品种，并按表2-15进行分级。如小区内性状表达不一致，应调查其一致性。

表2-15 托叶：叶缘分级

表达状态	完整	分裂
代码	1	2
标准品种		华南10号
参考图片		

性状15　子房：颜色

★性状类型：PQ，VG。

★观测时期：盛花期（35）。

★观测部位：雌花。

★观测方法：目测植株雌花子房（图2-3）的颜色。观测整个小区，对照标准品种，并按表2-16进行分级。如小区内性状表达不一致，应调查其一致性。

表2-16　子房：颜色分级

表达状态	乳黄色	绿色	绿紫色
代码	1	2	3
标准品种	华南10号	华南8号	华南7号
参考图片			

表达状态	紫红色	紫黑色
代码	4	5
标准品种	华南6号	华南10号
参考图片		

图 2-3　木薯花部位示意图

性状16　花粉：有无

★性状类型：QL，VG。

★观测时期：盛花期（35）。

★观测部位：雄花。

★观测方法：目测植株雄花花粉囊（图2-3）上花粉有无。观测整个小区，对照标准品种，并按表2-17进行分级。如小区内性状表达不一致，应调查其一致性。

表2-17　花粉：有无分级

表达状态	无	有
代码	1	2
标准品种	南植188	华南5号
参考图片	暂无图片	

性状17　幼茎：主色

★性状类型：QN，VG。

★观测时期：盛花期（35）。

★观测部位：植株顶端茎。

★观测方法：目测植株顶端茎的主色。观测整个小区，对照标准品种，并按表2-18进行分级。如小区内性状表达不一致，应调查其一致性。

表2-18　幼茎：主色分级

表达状态	黄绿色	浅绿色	中等绿色
代码	1	2	3
标准品种		华南5号	宝岛9-1
参考图片			

性状18　幼茎：花青苷显色强度

★性状类型：PQ，VG。

★观测时期：盛花期（35）。

★观测部位：植株顶端茎。

★观测方法：目测植株顶端茎的花青苷显色强度。观测整个小区，对照标准品种，并按表2-19进行分级。如小区内性状表达不一致，应调查其一致性。

表2-19　幼茎：花青苷显色强度分级

表达状态	弱	中	强
代码	1	2	3
标准品种	Yayong9	文昌红心	海南红心
参考图片			

性状19 *茎：Z形

★性状类型：QL，VG。

★观测时期：成熟期（40）。

★观测部位：植株主茎。

★观测方法：目测植株主茎Z形无有。观测整个小区，对照标准品种，并按表2-20进行分级。如小区内性状表达不一致，应调查其一致性。

表2-20 茎：Z形分级

表达状态	无	有
代码	1	9
标准品种	华南8号	
参考图片		

性状20 主茎：高度

★性状类型：QN，MS。

★观测时期：成熟期（40）。

★观测部位：植株主茎。

★观测方法：测量地面至主茎第一分权处的高度（图2-4）。对照标准品种，并按表2-21进行分级。如小区内性状表达不一致，应调查其一致性。

表2-21 主茎：高度分级

表达状态	极矮	极矮到矮	矮	矮到中	中	中到高	高
代码	1	2	3	4	5	6	7
标准品种			华南9号		华南8号		华南124
主茎高度（cm）	≤10.0	10.1～60.0	60.1～110.0	110.1～160.0	160.1～235.0	235.1～335.0	≥335.1

图2-4 主茎高度方法测量示意图

性状21 主茎：粗度

★性状类型：QN，MS。

★观测时期：成熟期（40）。

★观测部位：植株主茎。

★观测方法：测量近地面10cm高处的直径。对照标准品种，并按表2-22进行分级。如小区内性状表达不一致，应调查其一致性。

表2-22 主茎：粗度分级

表达状态	细	中	粗
代码	1	2	3
标准品种	兴隆1号	华南8号	华南7号
主茎高度（cm）	<3.5	3.6～5.5	>5.6

性状22 主茎：叶柄痕间距

★性状类型：QN，MS。

★观测时期：成熟期（40）。

★观测部位：植株主茎。

★观测方法：测量植株中部1/3处，2个排列方向完全一致的叶柄痕之间的距离（图2-5）。对照标准品种，并按表2-23进行分级。如小区内性状表达不一致，应调查其一致性。

表2-23　主茎：叶柄痕间距分级

表达状态	极短	极短到短	短	短到中	中	中到长	长
代码	1	2	3	4	5	6	7
标准品种					SC10		南植188
叶柄痕间距（cm）	≤0.7	0.8～3.3	3.4～5.9	6.0～8.5	8.6～11.5	11.6～14.5	≥14.6

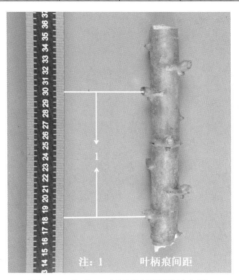

图2-5　主茎：叶柄痕间距测量方法

性状23　茎：分枝

★性状类型：QL，VG。

★观测时期：成熟期（40）。

★观测部位：植株。

★观测方法：观测植株茎分枝有无。对照参考图片，并按表2-24进行分级。如小区内性状表达不一致，应调查其一致性。

表2-24　茎：分枝分级

表达状态	无	有
代码	1	9
参考图片		

性状24　仅适用于有分枝品种：茎：分枝角度

★性状类型：QN，VG。

★观测时期：成熟期（40）。

★观测部位：植株。

★观测方法：观测有分枝品种茎分枝角度。对照标准品种，并按表2-25进行分级。如小区内性状表达不一致，应调查其一致性。

表2-25　仅适用于有分枝品种：茎：分枝角度分级

表达状态	小	中	大
代码	1	2	3
标准品种	华南8号	GR891号	华南5号
分枝角度（°）	< 30°	30° ～ 45°	> 45°
参考图片			

性状25　*主茎：外表皮颜色

★性状类型：PQ，VG。

★观测时期：成熟期（40）。

★观测部位：主茎。

★观测方法：观测植株主茎外表皮颜色。对照标准品种，并按表2-26进行分级。如小区内性状表达不一致，应调查其一致性。

表2-26　主茎：外表皮颜色分级

表达状态	灰白色	灰绿色	灰黄色	黄褐色
代码	1	2	3	4
标准品种	华南5号	华南124	华南9号	华南7号

（续）

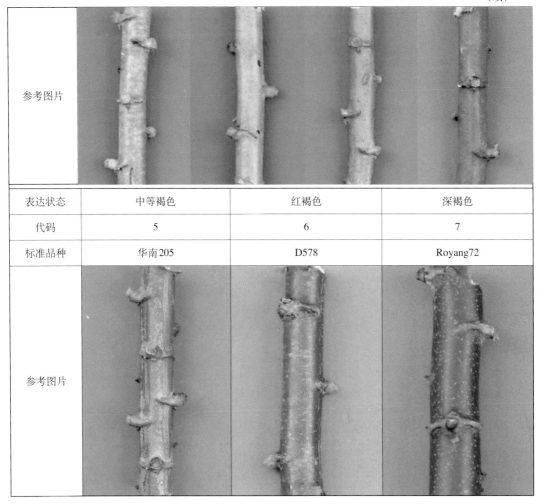

表达状态	中等褐色	红褐色	深褐色
代码	5	6	7
标准品种	华南205	D578	Royang72

性状26 *主茎：内表皮颜色

★性状类型：PQ，VG。

★观测时期：成熟期（40）。

★观测部位：主茎。

★观测方法：观测植株主茎内表皮颜色。对照标准品种，并按表2-27进行分级。如小区内性状表达不一致，应调查其一致性。

表2-27 主茎：内表皮颜色分级

表达状态	浅绿色	中等绿色	深绿色	浅红色	紫红色	褐色
代码	1	2	3	4	5	6
标准品种	华南11号	华南10号	华南8号	华南8013	D578号	

（续）

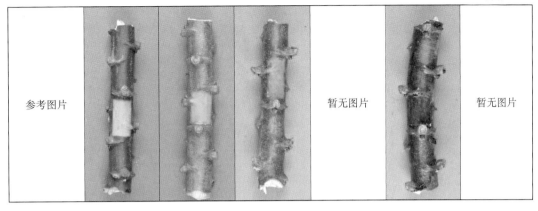

| 参考图片 | | | 暂无图片 | 暂无图片 |

性状27 块根：分布姿态

★性状类型：PQ，VG。

★观测时期：成熟期（40）。

★观测部位：块根。

★观测方法：观测块根分布姿态。对照标准品种，并按表2-28进行分级。如小区内性状表达不一致，应调查其一致性。

表2-28 块根：分布姿态分级

表达状态	垂直	水平	无规则
代码	1	2	3
标准品种	ZM9244	华南10号	SM2323-6
参考图片			

性状28 块根：数量

★性状类型：QN，VG/MS。

★观测时期：成熟期（40）。

★观测部位：块根。

★观测方法：目测/测量块根数量。对照标准品种，并按表2-29进行分级。如小区内性状表达不一致，应调查其一致性。

表2-29　块根：数量分级

表达状态	少	中	多
代码	1	2	3
标准品种	华南6068	华南8002	华南9号
块根数量（条）	<8	8～13	>13
参考图片			

性状29　块根：大小

★性状类型：QN，VG。

★观测时期：成熟期（40）。

★观测部位：块根。

★观测方法：目测块根大小。对照标准品种，并按表2-30进行分级。如小区内性状表达不一致，应调查其一致性。

表2-30　块根：大小分级

表达状态	小	中	大
代码	1	2	3
标准品种	华南6068	华南8002	华南124
参考图片			

性状30　块根：形状

★性状类型：PQ，VG。

★观测时期：成熟期（40）。

★观测部位：块根。

★观测方法：目测块根形状。对照标准品种，并按表2-31进行分级。如小区内性状表达不一致，应调查其一致性。

表2-31　块根：形状分级

表达状态	圆锥形	圆锥—圆柱形	圆柱形
代码	1	2	3
标准品种	华南6号	华南124	面包木薯
参考图片			

性状31　块根：缢痕

★性状类型：QL，VG。

★观测时期：成熟期（40）。

★观测部位：块根。

★观测方法：目测块根缢痕有无。对照标准品种，并按表2-32进行分级。如小区内性状表达不一致，应调查其一致性。

表2-32　块根：缢痕分级

表达状态	无	有
代码	1	9
标准品种		华南9号

（续）

参考图片	 

性状32 *块根：表皮质地

★性状类型：PQ，VG。

★观测时期：成熟期（40）。

★观测部位：块根。

★观测方法：目测块根表皮质地。对照标准品种，并按表2-33进行分级。如小区内性状表达不一致，应调查其一致性。

表2-33 块根：表皮质地分级

表达状态	光滑	粗糙
代码	1	2
标准品种	华南9号	华南6068
参考图片		

性状33　*块根：表皮颜色

★性状类型：PQ，VG。

★观测时期：成熟期（40）。

★观测部位：块根。

★观测方法：目测块根表皮颜色（观测时将块根表皮用水湿润，更易观测）。对照标准品种，并按表2-34进行分级。如小区内性状表达不一致，应调查其一致性。

表2-34　块根：表皮颜色分级

表达状态	白色	浅褐色	中等褐色	深褐色
代码	1	2	3	4
标准品种	华南10号	D980	华南201	华南6068
参考图片				

性状34　*块根：内皮颜色

★性状类型：PQ，VG。

★观测时期：成熟期（40）。

★观测部位：块根。

★观测方法：目测块根内皮颜色（图2-6），观测时将块根外皮剥去，随剥随记录（放置会使内皮皮氧化颜色变深）。对照标准品种，并按表2-35进行分级。如小区内性状表达不一致，应调查其一致性。

表2-35 块根：内皮颜色分级

表达状态	白色	浅黄色	中等黄色
代码	1	2	3
标准品种	华南11号		华南10号
参考图片			

表达状态	浅红色	中等红色	紫红色
代码	4	5	6
标准品种	华南7号	华南8013	D578
参考图片			

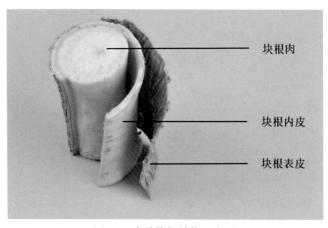

图2-6 成熟块根结构示意图

性状35　*块根：肉色

★性状类型：PQ，VG。

★观测时期：成熟期（40）。

★观测部位：块根。

★观测方法：目测块根肉色。对照标准品种，并按表2-36进行分级。如小区内性状表达不一致，应调查其一致性。

表2-36　块根：肉色分级

表达状态	白色	浅黄色	深黄色	粉红色
代码	1	2	3	4
标准品种	华南6号	华南9号		
参考图片			暂无图片	

性状36　叶柄痕：突起程度

★性状类型：QN，VG。

★观测时期：成熟期（40）。

★观测部位：叶柄痕。

★观测方法：目测叶柄痕突起程度。对照标准品种，并按表2-37进行分级。如小区内性状表达不一致，应调查其一致性。

表2-37　叶柄痕：突起程度分级

表达状态	弱	中	强
代码	1	2	3
标准品种	华南9号	华南6号	华南7号
突起长度（cm）	<0.5	0.5～1.0	>1.0
参考图片			

性状37　块根：薯柄

★性状类型：QN，VG。

★观测时期：成熟期（40）。

★观测部位：块根。

★观测方法：目测块根薯柄长度。对照标准品种，并按表2-38进行分级。如小区内性状表达不一致，应调查其一致性。

表2-38　块根：薯柄分级

表达状态	无或短	中	长
代码	1	2	3
标准品种	华南8002		面包木薯
参考图片		暂无图片	

性状38　块根：氢氰酸含量

★性状类型：QN，MG。

★观测时期：成熟期（40）。

★观测部位：块根。

★观测方法：采用硝酸汞或硝酸银滴定法测定氢氰酸含量。对照标准品种，并按表2-39进行分级。如小区内性状表达不一致，应调查其一致性。具体操作方法如下：

①准确称取木薯肉质样品50 g（或木薯皮10 ~ 15g），磨碎后，用100 ~ 150mL蒸馏水洗入500mL的圆底烧杯中，塞上瓶塞，在室温30 ~ 35℃下放置6h，经木薯配醣酵素的作用，将木薯含氰配醣体水解为右旋糖、丙酮及氢氰酸。

②将水解所得的含氢氰酸溶液，通入蒸汽蒸馏，经过冷却后所得的蒸馏液，通入25mL标准0.007 5mol/L的硝酸汞液（木薯皮应用50mL），使其充分吸收溶液中的氢氰酸（硝酸汞液应预加4mol/L使其呈酸性），约收集蒸馏液200mL后即可停止蒸馏。

③在通入硝酸汞液的蒸馏液中，加入40%铁铵矾$NH_4Fe(SO_4)_2 \cdot 12H_2O$指示剂2mL，再用标准0.015 00mol/L的硫氰化钾（KCNS）溶液滴定剩余在蒸馏液中的硝酸汞量，至溶液呈淡黄色为止。

计算：

将上述化验结果带入下列计算木薯样品的氢氰酸含量：

HCN含量 = $(V_1 - V_2) \times C \times 27 \times 100/m \times 100\%$

其中：V_1——用KCNS滴定25mL（或50mL）Hg(NO₃)₂时消耗的标准KCNS毫升数；

　　　 V_2——滴定剩余Hg(NO₃)₂时消耗的标准KCNS毫升数；

　　　 C ——标准KCNS溶液的摩尔浓度；

　　　 27——HCN摩尔质量；

　　　 m ——木薯样品重量(g)。

注：如无硝酸汞可用硝酸银AgNO₃代替，但硫氰化钾滴定终点不易看出。铁铵矾指示剂不宜少用，否则不宜看出滴定终点。

表2-39　块根：氢氰酸含量分级

表达状态	低	中	高
代码	1	2	3
标准品种	华南9号	华南10号	华南5号
氢氰酸含量（%）	<4.00	4.00～10.00	>10.00

性状39　仅适用于结实品种：种子：颜色

★性状类型：QL，VG。

★观测时期：成熟期（40）。

★观测部位：种子。

★观测方法：目测种子颜色。对照标准品种，并按表2-40进行分级。如小区内性状表达不一致，应调查其一致性。

表2-40　仅适用于结实品种：种子：颜色分级

表达状态	灰色	褐色
代码	1	2
参考图片		

性状40 植株：分枝性

★性状类型：QN，VG。

★观测时期：成熟期（40）。

★观测部位：植株。

★观测方法：目测植株分枝性。对照标准品种，并按表2-41进行分级。如小区内性状表达不一致，应调查其一致性。

表2-41 植株：分枝性分级

表达状态	无分杈	二分杈	≥三分杈
代码	1	2	3
标准品种		华南5号	华南9号
参考图片		暂无图片	

性状41 植株：抗倒性

★性状类型：QN，VG。

★观测时期：初花期—成熟期（31 ~ 40）。

★观测部位：植株。

★观测方法：在9 ~ 10级强热带风暴危害后，3d内对试验区的所有植株进行调查，以植株倾斜角度30°以上作为倒伏的标准，调查植株倒伏率。记录为%，精确到0.1%。按下列标准确定植株的抗倒性。

1　极弱　　　　植株倒伏率 ≥90%

2　弱　　　　　植株倒伏率 [60%，90)

3　中等　　　　植株倒伏率 [30%，60)

4　强　　　　　植株倒伏率 [10%，30)

5　很强　　　　植株倒伏率 <10%

性状42 植株：抗寒性

★性状类型：QN，VG。

★观测时期：初花期—成熟期（31～40）。

★观测部位：植株。

★观测方法：在日最低温度达到10.0℃以下，产生低温寒害的年份，于寒害表现稳定后对试验区成年植株进行受害情况调查。根据下列标准进行植株寒害级别记录。

级别	受害情况
0	不受害
1	少数嫩叶受害，嫩茎无受害
2	1/2以下嫩叶受害，部分嫩茎受害
3	1/2～3/4嫩叶和嫩茎枯萎，老叶脱落
4	3/4以上嫩叶和嫩茎枯萎，老叶大量脱落，部分老茎受害
5	整株死亡

根据调查的冷害级别，计算冷害指数，计算公式为：

冷害指数=Σ（各冷害级株数×各冷害级数值）/（最高级数×调查总株数）×100

苗期耐冷性根据冷害指数分为3级。

1	弱（冷害指数>70）
2	中（冷害指数50～70）
3	强（冷害指数<50）

第三部分
木薯品种DUS测试性状照片拍摄规程

一、前言

为了规范木薯品种DUS测试中的照片拍摄，以保证照片质量，提高实质审查的准确性和构建已知品种数据库，根据农业部行业标准《植物品种特异性、一致性和稳定性测试指南 木薯》和《DUS测试照片拍摄技术规范编写指南》的要求，特制定本部分内容。

本规程规定了木薯DUS测试性状拍摄的总体原则和具体技术要求，在实际拍摄中应结合《植物品种特异性、一致性和稳定性测试指南 木薯》中对性状的具体描述和分级标准使用。

二、基本要求

一是木薯新品种DUS测试性状照片应能客观、准确、清楚地反映木薯待测品种的DUS测试性状以及已知品种的主要植物学特征特性，拍摄部位明确、构图合理、图像真实清晰、色彩自然、背景适当，照片中的拍摄主题不得使用任何图像处理软件进行修饰。

二是根据构建木薯已知品种数据库的需要，在开展木薯DUS测试期间，每个测试品种应拍摄并最终提供4张主要形态特性照片，即：植株、叶、主茎、块根。

三、拍摄器材

1. 数码相机及镜头 数码单反相机（分辨率：2 144×1 424以上），标准变焦镜头。

2. 配件及辅助工具 存储卡、遮光罩、外接闪光灯、快门线、三脚架、翻拍架、拍摄台、柔光箱、柔光伞、测光板、背景支架、背景布、背景纸、刻度尺、大头针等。

四、照片格式与质量

1.照片构成与拍摄构图　应包括拍摄的性状部位、品种标签、刻度尺、背景等几部分。根据拍摄的代表性样本长度、宽度，应放置合适的刻度尺，拍摄背景应使用专业背景布或背景纸，背景颜色以灰色为主，部分用黑色反衬效果更明显（如茸毛），拍摄主体的取样部位按照例图所示。拍摄构图时，一般采用横向构图方式，植株等性状以竖拍为宜。

2.照片平面布局　对于特异性状照片，除因生长周期不一致外，应尽可能将申请品种与近似品种并列拍摄于同一张照片内，一张照片可以同时反映多个测试性状。待测品种置于照片左侧、近似品种置于右侧，或待测品种置于照片上部、近似品种置于下部，将拍摄主体安排在画面的黄金分割线上，按照植株和器官的自然生长方向布置。对于品种描述照片，拍摄主体只有一个品种，一张照片可以同时反映多个特征特性，进行组合拍摄，平面布局要协调、合理，拍摄主体分布于平面中部的1/3。对于反映一致性不合格的照片，可将某性状的典型表达与非典型表达的状态并列拍摄于同一张照片内，非典型表达可以是1个或多个，若非典型表达状态为多个，无法将典型表达与所有非典型表达拍摄于同一张照片内，则需要将非典型表达逐一与典型表达并列拍摄于同一张照片内，或者采用品种描述照片的拍摄方式对典型表达状态、非典型表达状态进行逐一拍摄。

3.品种标签　采用手写标签，进行电脑后期制作。标签内容为待测品种（A）、近似品种（B）测试编号或品种名称。标签放置于拍摄主体的下部或两侧，一张照片中标签的大小要求统一且与拍摄主体的比例协调，字体为宋体加粗。

4.光线　对于表达形状、姿态、大小、宽窄等性状时，尽量选择在柔和的自然光下进行拍摄（室内外均可），对于表达颜色类性状应在室内固定光源下拍摄。

5.照片名称及存储格式　木薯DUS测试性状照片均按统一格式命名，采用jpg格式存储，提交测试报告使用的照片须洗印成5in[*]（3R）彩色照片。

6.照片档案　每个申请品种需建立测试照片电子档案，照片应包括以下信息：照片名称、测试编号、品种名称、部位简称、图片类型、拍摄地点、拍摄时间等。

---

* in为非法定计量单位，1in约为2.54cm。

五、木薯DUS测试性状图像采集细则

（一）性状对比照片拍摄细则

性状1 顶叶：颜色

①拍摄时期：分枝期（20）。

②拍摄地点与时间：摄影室，上午10时以前。

③拍摄前准备：根据观测值选取试验小区内具代表性的顶叶，取其1～2片，叶柄处插上大头针，借助工具按生长方向插在背景布（背景纸）上，2片叶最高处保持在同一水平线上，附上品种标签，进行对比拍摄。

④拍摄背景：浅灰色背景。

⑤拍摄技术要求：

a.分辨率：2 144×1 424 以上；

b.光线：充足柔和的固定光；

c.拍摄角度：水平拍摄；

d.拍摄模式：光圈优先(A模式)；

e.拍平衡：手动；

f.物距：50～80cm；

g.相机固定方式：三脚架/手持。

性状2 顶叶：茸毛

①拍摄时期：分枝期（20）。

②拍摄地点与时间：摄影室，上午10时以前。

③拍摄前准备：根据观测值选取试验小区内具代表性的顶叶1～2片，取其中间裂叶，向前翻转突出叶片茸毛，借助工具固定在背景布（背景纸）上，叶最高处保持在同一水平线上，附上品种标签，进行对比拍摄。

④拍摄背景：黑色背景。

⑤拍摄技术要求：

a.分辨率：2 144×1 424以上；

b.光线：充足柔和的固定光；

c.拍摄角度：水平拍摄；

d.拍摄模式：微距镜头光圈优先（A模式）；

e.拍平衡：手动；

f.物距：30～40cm；

g.相机固定方式：三脚架/手持。

性状3/4 叶片：颜色／叶片：彩斑

①拍摄时期：分枝期（20）。

②拍摄地点与时间：室外遮阴处或摄影室，上午10时以前。

③拍摄前准备：根据观测值选取试验小区内具代表性的第一完全展开叶/中部生长稳定的成熟叶1～2片（取叶时为保持叶片最佳真实状态，提前准备装水的盆，将取好的叶片放入盆中，防止叶片缺水卷曲），将叶片上表面平整

地放在背景布（背景纸）上，叶基保持在同一水平线上，附上品种标签，进行对比拍摄。

④拍摄背景：灰色背景。

⑤拍摄技术要求：

a.分辨率：2 144×1 424以上；

b.光线：充足柔和的自然光／固定光；

c.拍摄角度：正面垂直向下拍摄；

d.拍摄模式：光圈优先（A模式）；

e.拍平衡：手动；

f.物距：80 ～ 120cm；

g.相机固定方式：三角架／手持。

×××× -A   ×××× -B

性状5/6/7   叶片：下表面主叶脉颜色／叶片：中间裂片形状／叶片：裂片数

①拍摄时期：分枝期（20）。

②拍摄地点与时间：室外遮阴处或摄影室，上午10时以前。

③拍摄前准备：根据观测值选取试验小区内具代表性的中部生长稳定的成熟叶1 ～ 2片（取叶时为保持叶片最佳真实状态，提前准备装水的盆，将取好的叶片放入盆中，防止叶片缺水卷曲），将叶片下表面平整摆放在背景布（背景纸）上，叶基保持在同一水平线上，附上品种标签，进行对比拍摄。

④拍摄背景：灰色背景。

⑤拍摄技术要求：

a.分辨率：2 144×1 424以上；

b.光线：充足柔和的自然光/固定光；

c.拍摄角度：正面垂直向下拍摄；

d.拍摄模式：光圈优先（A模式）；

e.拍平衡：手动；

f.物距：80～120cm；

g.相机固定方式：三角架/手持。

性状8/9　叶片：中间裂片长度／叶片：中间裂片宽度

①拍摄时期：分枝期（20）。

②拍摄地点与时间：室外遮阴处或摄影室，上午10时以前。

③拍摄前准备：根据观测值选取试验小区内具代表性的中部生长稳定的成熟叶的中间裂片（取叶时为保持叶片最佳真实状态，提前准备装水的盆，将取好的叶片放入盆中，防止叶片缺水卷曲），将其平整摆放在背景布（背景纸）上，叶基与直尺某一刻度位于同一水平线上，附上品种标签，进行对比拍摄。

④拍摄背景：灰色背景。

⑤拍摄技术要求：

a.分辨率：2 144×1 424以上；

b.光线：充足柔和的自然光/固定光；

c.拍摄角度：正面垂直向下拍摄；

d.拍摄模式：光圈优先（A模式）；

e.拍平衡：手动；

f.物距：80 ～ 120cm；

g.相机固定方式：三角架/手持。

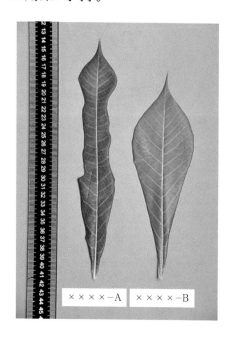

性状10／11　叶柄：颜色／ 叶柄：长度

①拍摄时期：分枝期（20）。

②拍摄地点与时间：室外遮阴处或摄影室，上午10时以前。

③拍摄前准备：根据观测值选取试验小区内具代表性的中部生长稳定的成熟叶1 ～ 2片（取叶时为保持叶片最佳真实状态，提前准备装水的盆，将取好的叶片放入盆中，防止叶片缺水卷曲），将叶片平整摆放在背景布（背景纸）上，叶基保持在同一水平线上（若反映叶柄长度需附上直尺，同时叶基与直尺某一刻度位于同一水平线），附上品种标签，进行对比拍摄。

④拍摄背景：灰色背景。

⑤拍摄技术要求：

a.分辨率：2 144×1 424以上；

b.光线：充足柔和的自然光/固定光；

c.拍摄角度：正面垂直向下拍摄；

d.拍摄模式：光圈优先(A模式)；

e.拍平衡：手动；

f.物距：≥120cm；

g.相机固定方式：三角架/手持。

性状12 叶柄：相对于主茎姿态

①拍摄时期：分枝期（20）。

②拍摄地点与时间：室外，上午10时以前。

③拍摄前准备：对相邻种植的两个小区进行群体对比拍摄，照片平面分布待测品种和近似品种各占1/2。

④拍摄背景：田间自然环境。

⑤拍摄技术要求：

a.分辨率：2 144×1 424以上；

b.光线：晴天到多云天气；

c.拍摄角度：顺光或侧光，正面水平拍摄；

d.拍摄模式：光圈优先 (A模式)；

e.拍平衡：自定义；

f.物距：≥250cm；

g.相机固定方式：三角架/手持。

性状13/14 托叶：长度 ／托叶：叶缘

①拍摄时期：分枝期（20）。

②拍摄地点与时间：室外遮阴处或摄影室，上午10时以前。

③拍摄前准备：根据观测值选取试验小区内具代表性的托叶，将其平整摆放在背景布（背景纸）上，托叶底部保持在同一水平线上（若反映托叶长度需附上直尺，同时底部与直尺某一刻度位于同一水平线），附上品种标签，进行对比拍摄。

④拍摄背景：黑色背景。

⑤拍摄技术要求：

a.分辨率：2 144×1 424以上；

b.光线：充足柔和的自然光/固定光；

c.拍摄角度：正面垂直向下拍摄；

d.拍摄模式：微距镜头，光圈优先（A模式）；

e.拍平衡：手动；

f.物距：15～20cm；

g.相机固定方式：翻拍架/手持。

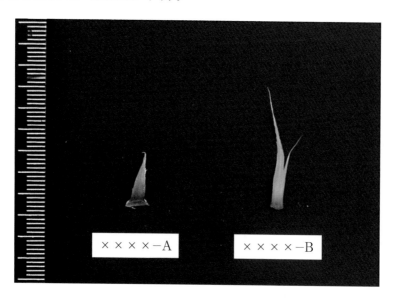

性状15 子房：颜色

①拍摄时期：盛花期（35）。

②拍摄地点与时间：室外遮阴处或摄影室，上午11时至下午2时。

③拍摄前准备：根据观测值选取试验小区内具代表性雌花，垂直固定于背景布（背景纸）上，附上品种标签，进行对比拍摄，拍摄时重点突出子房

颜色。

③拍摄背景：灰色背景。

⑤拍摄技术要求：

a.分辨率：2 144×1 424以上；

b.光线：充足柔和的自然光/固定光；

c.拍摄角度：正面水平拍摄；

d.拍摄模式：微距镜头，光圈优先（A模式）；

e.白平衡：手动；

f.物距：20～25cm；

g.相机固定方式：三角架/手持。

性状16 花粉：有无

①拍摄时期：盛花期（35）。

②拍摄地点与时间：室外遮阴处或摄影室，上午11时至下午2时。

③拍摄前准备：根据观测值选取试验小区内具代表性的雄花，整齐摆放在背景布（背景纸）上，附上品种标签，进行对比拍摄，拍摄时重点突出花粉囊上花粉的有无。

④拍摄背景：灰色背景。

⑤拍摄技术要求：

a.分辨率：2 144×1 424以上；

b.光线：充足柔和的自然光/固定光；

c.拍摄角度：正面垂直向下拍摄；

d.拍摄模式：微距镜头，光圈优先(A模式)；

e.白平衡：手动；

f.物距：20～25cm；

g.相机固定方式：三角架/手持。

性状17/18　幼茎：主色／幼茎：花青苷显色强度

①拍摄时期：盛花期（35）。

②拍摄地点与时间：室外遮阴处或摄影室，上午10时以前。

③拍摄前准备：根据观测值选取试验小区内具代表性的幼茎（长度15～20cm），将其整齐摆放在背景布（背景纸）上，底部位于同一水平，附上品种标签，进行对比拍摄。

④拍摄背景：灰色背景。

⑤拍摄技术要求：

a.分辨率：2 144×1 424以上；

b.光线：充足柔和的自然光/固定光；

c.拍摄角度：正面垂直向下拍摄；

d.拍摄模式：光圈优先(A模式)；

e.白平衡：手动；

f.物距：55～65cm；

g.相机固定方式：翻拍架/手持。

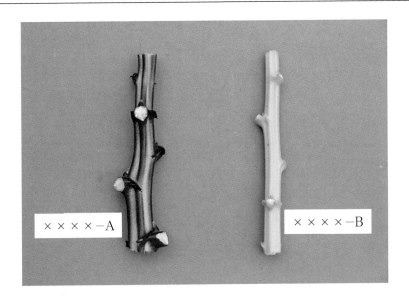

性状19／20／23／24　茎：Z形／主茎：高度／茎：分枝／ 仅适用于有分枝品种：茎：分枝角度

①拍摄时期：成熟期（40）

②拍摄地点与时间：室外遮阴处或摄影室，上午10时以前。

③拍摄前准备：根据观测值选取试验小区内具代表性的植株，将其整齐摆放在背景墙上，若反映主茎高度，则需在旁边摆上标尺，附上品种标签，进行对比拍摄。

④拍摄背景：灰色背景。

⑤拍摄技术要求：

a.分辨率：2 144×1 424以上；

b.光线：充足柔和的自然光/固定光；

c.拍摄角度：正面水平拍摄；

d.拍摄模式：光圈优先（A模式）；

e.白平衡：手动；

f.物距：≥300cm；

g.相机固定方式：三角架/手持。

性状21/22　主茎：粗度／主茎：叶柄痕间距

①拍摄时期：成熟期（40）。

②拍摄地点与时间：室外遮阴处或摄影室，上午9时至下午4时30分。

③拍摄前准备：根据观测值选取试验小区内具代表性的主茎（长度15～20cm），将其整齐摆放在背景布（背景纸）上，反映叶柄痕间距时，需将两个排列方向完全一致的叶柄痕底部与直尺某一刻度位于同一水平线上，附上品种标签，进行对比拍摄。

④拍摄背景：灰色背景。

⑤拍摄技术要求：

a.分辨率：2 144×1 424以上；

b.光线：充足柔和的自然光/固定光；

c.拍摄角度：正面垂直向下拍摄；

d.拍摄模式：光圈优先（A模式）；

e.白平衡：手动；

f.物距：50～55cm；

g.相机固定方式：翻拍架/手持。

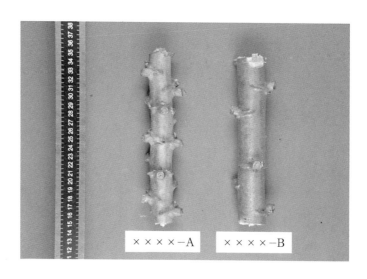

性状25/26　主茎：外表皮颜色／主茎：内表皮颜色

①拍摄时期：成熟期（40）。

②拍摄地点与时间：室外遮阴处或摄影室，上午9时至下午4时30分。

③拍摄前准备：根据观测值选取试验小区内具代表性的主茎（长度15～20cm），将其整齐摆放在背景布（背景纸）上，反映主茎内表皮颜色时，需将主茎中部外表皮去掉8～10cm²，漏出内表皮颜色，附上品种标签，进行对比拍摄。

④拍摄背景：灰色背景。

⑤拍摄技术要求：

a.分辨率：2 144×1 424以上；

b.光线：充足柔和的自然光/固定光；

c.拍摄角度：正面垂直向下拍摄；

d.拍摄模式：光圈优先（A模式）；

e.白平衡：手动；

f.物距：50～55cm；

g.相机固定方式：翻拍架/手持。

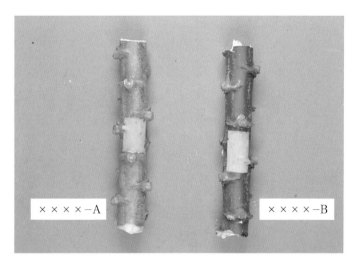

性状27/28/29　块根：分布姿态/　块根：数量/块根：大小

①拍摄时期：成熟期（40）。

②拍摄地点与时间：室外遮阴处或摄影室，上午9时至下午4时30分。

③拍摄前准备：根据观测值选取试验小区内具代表性的块根，将其整齐摆放在背景布（背景纸）上，附上品种标签，进行对比拍摄。

④拍摄背景：灰色背景。

⑤拍摄技术要求：

a.分辨率：2 144×1 424以上；

b.光线：充足柔和的自然光/固定光；

c.拍摄角度：正面水平拍摄；

d.拍摄模式：光圈优先（A模式）；

e.白平衡：手动；

f.物距：≥120cm；

g.相机固定方式：三角架/手持。

×××× -A   ×××× -B

性状30/31　块根：形状／块根：缢痕

①拍摄时期：成熟期（40）。

②拍摄地点与时间：室外遮阴处或摄影室，上午9时至下午4时30分。

③拍摄前准备：根据观测值选取试验小区内具代表性的块根，将其整齐摆放在背景布（背景纸）上，附上品种标签，进行对比拍摄。

④拍摄背景：灰色背景。

⑤拍摄技术要求：

a.分辨率：2 144×1 424以上；

b.光线：充足柔和的自然光／固定光；

c.拍摄角度：正面垂直向下拍摄；

d.拍摄模式：光圈优先（A模式）；

e.白平衡：手动；

f.物距：80～100cm；

g.相机固定方式：三角架／手持。

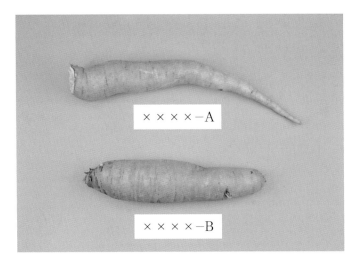

×××× -A

×××× -B

性状32／33／34　块根：表皮质地　／　块根：表皮颜色／块根：内皮颜色

①拍摄时期：成熟期（40）。

②拍摄地点与时间：室外遮阴处或摄影室，上午9时至下午4时30分。

③拍摄前准备：根据观测值选取试验小区内具代表性的块根（长度15～20cm），将其整齐摆放在背景布（背景纸）上，底部位于同一水平，若需反映块根内皮颜色，需将块根表皮中部表皮去掉12～15cm²，露出内皮，附上品种标签，进行对比拍摄。

④拍摄背景：灰色背景。

⑤拍摄技术要求：

a.分辨率：2 144×1 424以上；

b.光线：充足柔和的自然光/固定光；

c.拍摄角度：正面垂直向下拍摄；

d.拍摄模式：光圈优先（A模式）；

e.白平衡：手动；

f.物距：50～60cm；

g.相机固定方式：翻拍架/手持。

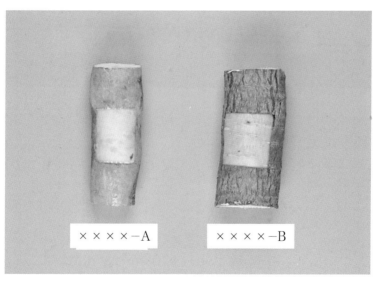

××××-A　　　××××-B

性状35　块根：肉质颜色

①拍摄时期：成熟期（40）。

②拍摄地点与时间：室外遮阴处或摄影室，上午9时至下午4时30分。

③拍摄前准备：根据观测值选取试验小区内具代表性的块根，切小段，将其整齐摆放在背景布（背景纸）上，附上品种标签，进行对比拍摄。

④拍摄背景：黑色背景。

⑤拍摄技术要求：

a.分辨率：2 144×1 424以上；

b.光线：充足柔和的自然光/固定光；

c.拍摄角度：正面垂直向下拍摄；

d.拍摄模式：光圈优先（A模式）；

e.白平衡：手动；

f.物距：40 ～ 50cm；

g.相机固定方式：翻拍架/手持。

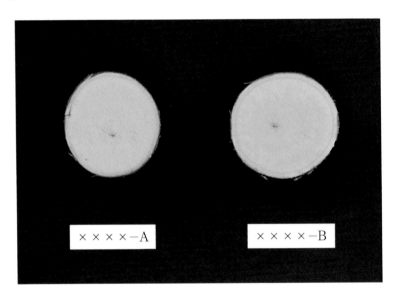

（二）品种描述照片拍摄细则

1. 植株

①拍摄时期：分枝期（20）。

②拍摄地点与时间：室外，上午10时以前。

③拍摄前准备：对小区进行群体拍摄。

④拍摄要求：能反映分枝期田间植株姿态、叶片颜色、叶柄相对于主茎姿态等性状。

⑤拍摄背景：田间自然环境。

⑥拍摄技术要求：

a.分辨率：2 144×1 424以上；

b.光线：晴天到多云天气；

c.拍摄角度：顺光或侧光，正面水平拍摄；

d.拍摄模式：光圈优先（A模式）；

e.白平衡：手动；

f.物距：≥200cm；

g.相机固定方式：三角架/手持。

××××-A

2.叶

①拍摄时期：分枝期（20）。

②拍摄地点与时间：室外遮阴处或摄影室，上午10时以前。

③拍摄前准备：根据观测值选取试验小区内具代表性的中部生长稳定的成熟叶1～2片（取叶时为保持叶片最佳真实状态，提前准备装水的盆，将取好的叶片放入盆中，防止叶片缺水卷曲），将叶片上表面平整摆放在背景布（背景纸）上，叶柄基部与直尺某一刻度位于同一水平线上，附上品种标签，进行拍摄。

④拍摄要求：能反映品种叶片部分性状特点，如叶片彩斑有无、中间裂片形状、裂叶数、中间裂片长度、中间裂片宽度、叶柄颜色、叶柄长度等。

⑤拍摄背景：浅灰色背景。

⑥拍摄技术要求：

a.分辨率：2 144×1 424以上；

b.光线：充足柔和的自然光/固定光；

c.拍摄角度：正面垂直向下拍摄；

d.拍摄模式：光圈优先（A模式）；

e.白平衡：手动；

f.物距：90 ～ 120cm；

g.相机固定方式：三角架/手持。

3. 主茎

①拍摄时期：成熟期（40）。

②拍摄地点与时间：室外遮阴处或摄影室，上午9时至下午4时30分。

③拍摄前准备：根据观测值选取试验小区内2段具代表性的主茎（长度15 ～ 20cm），其中一段中部外表皮去掉8 ～ 10cm²，露出内表皮颜色，整齐摆放在背景布（背景纸）上，底部与直尺某一刻度位于同一水平线上，附上品种标签，进行拍摄。

④拍摄要求：能反映品种主茎部分性状特点，如主茎粗度、叶柄痕间距、主茎外表皮颜色、主茎内表皮颜色等。

⑤拍摄背景：浅灰色背景。

⑥拍摄技术要求：

a.分辨率：2 144×1 424以上；

b.光线：充足柔和的自然光/固定光；

c.拍摄角度：正面垂直向下拍摄；

d.拍摄模式：光圈优先（A模式）；

e.白平衡：手动；

f.物距：50～55cm；

g.相机固定方式：翻拍架/手持。

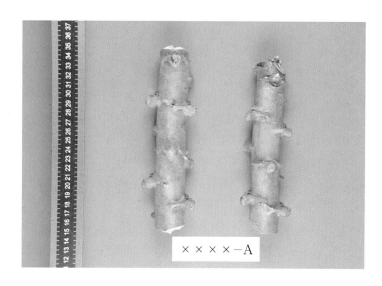

4.块根

①拍摄时期：成熟期（40）。

②拍摄地点与时间：室外遮阴处或摄影室，上午9时至下午4时30分。

③拍摄前准备：根据观测值选取试验小区内具代表性块根2条，将一条块根中部表皮去掉12～15cm^2，露出内皮颜色，其中一条选取中部切成10cm的小段，将整条块根与切成小段的块根整齐摆放在背景布（背景纸）上，附上品种标签，进行拍摄。

④拍摄要求：能反映品种块根部分性状特点，如块根形状、缢缩有无、表皮质地、表皮颜色、内皮颜色、肉色等。

⑤拍摄背景：浅灰色背景。

⑥拍摄技术要求：

a.分辨率：2 144×1 424以上；

b.光线：充足柔和的自然光/固定光；

c.拍摄角度：正面垂直向下拍摄；

d.拍摄模式：光圈优先（A模式）；

e.白平衡：手动；

f.物距：80～100cm；

g.相机固定方式：翻拍架/手持。

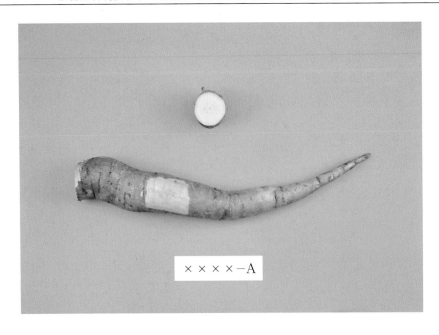

×××× - A

（三）一致性不合格照片拍摄细则

对于一致性不合格照片的拍摄，可将典型表达状态与非典型表达状态并列拍摄于同一张照片中，具体拍摄参数参考特异性照片采集细则，效果图见实例1；当非典型表达状态为多个时，可参考品种描述照片采集细则，对典型表达状态、非典型表达状态进行逐一拍摄，效果图见实例2或实例3。

实例1

典型株 1：倒卵形　异型株 3：披针形
×××× （品种名称）叶片：中间裂片形状

实例2

典型株 3：紫绿色　　　　　　　　异型株 1：浅绿色
××××（品种名称）顶叶：颜色

实例3

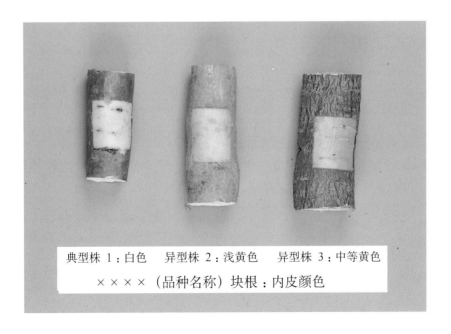

典型株 1：白色　　异型株 2：浅黄色　　异型株 3：中等黄色
××××（品种名称）块根：内皮颜色

附　　录

附录1　植物品种委托测试协议书

植物品种委托测试协议书

甲方：

乙方：

甲方委托乙方对提供的_____品种（每一批次的委托测试品种清单见双方盖章有效的附件）进行特异性、一致性和稳定性测试(以下简称DUS测试)。经协商，双方达成如下委托测试协议：

1.甲方委托乙方对甲方提供的品种进行____个生长周期的DUS测试，乙方应在全部田间测试结束后2个月内向甲方提供测试报告一式____份（注：1个测试周期的测试结果包括品种描述、一致性结果，完成2个周期的测试后提供DUS测试综合报告）。

2．按照DUS测试繁殖材料的数量和质量要求，甲方应及时提供合格的繁殖材料。

3．甲方对品种繁殖材料的真实性负责。

4．甲方应及时提供委托品种的技术问卷。乙方按照技术问卷内容与DUS测试指南组织DUS测试。

5．在DUS测试中如遇因特殊情况导致试验中止或无效，乙方应及时通知甲方。

6．甲方应于本协议书签字生效后____个工作日内，一次性支付乙方委托费用，费用按1个测试周期每个样品_____元计算，样品数量见委托测试品种清单。

7．因不可抗力（如地震、洪水、火灾、台风等）导致DUS测试结果异常或报废，甲方要求终止委托时，乙方不退还甲方剩余的DUS测试费用；甲方同意继续委托DUS测试时，乙方继续开展DUS测试，并向甲方收取继续开展DUS测试的费用。

8．因其他原因导致DUS测试结果异常或报废，甲方要求终止委托时，乙方应退还剩余的DUS测试费用。甲方同意继续测试时，乙方应继续开展DUS测试，并不得重新收取DUS测试费用。

9．乙方所出具的报告仅对甲方提供的样品负责。

10.本委托书一式____份，双方签字后生效，合同有效期____年。

11.因光温因素导致品种的表达不充分造成结果无效，责任由甲方承担，委托测试品种应在测试机构所在的适宜生态区域种植。

12．其他未尽事宜以双方协议补充为准。

13.委托测试费用支付：

开户行：

账号：

户名：

附件　委托测试品种清单与近似品种清单

甲方：　　　　　　　　　　　乙方：
(盖章)　　　　　　　　　　　(盖章)
代表人：　　　　(签字)　　　代表人：　　　　(签字)
地址：　　　　　　　　　　　地址：
邮编：　　　　　　　　　　　邮编：
联系人：　　　　　　　　　　联系人：
手机：　　　　　　　　　　　电话：
　　年　月　日　　　　　　　　　年　月　日

附件 1　测试品种清单

编号	品种名称	植物种类	繁材类型	保藏号	适种区域	播期	选育单位	联系人	联系方式

日期：年　月　日

附件 2　近似品种清单

编号	品种名称	植物种类	繁材类型	保藏号	适种区域	播期	选育单位	说明

日期：年　月　日

附录 2　农业部植物新品种测试（××××）分中心植物品种委托测试样品委托单

共　页　第　页

委托单位（盖章）				
寄（送）样人	姓名		联系人	送样方式　□加急　□普通
	电话		联系电话	□邮寄　□面送
	寄（送）时间			

序号	品种名称	作物种类	繁材类型	适宜区域	样品数量（个）	适宜播期	样品量		报告要求	样品质量		备注
							待测样品 重量（g）	近似样品 数量（粒）		直径（cm）	长度（cm）	

不符样品处理方式　□退回　□销毁

寄（送）样须知

1. 寄（送）样人应逐项认真填写本单，□选择项用"√"划定，无内容划"—"，未尽内容请在备注栏内注明，对上述内容确认后签字，委托单位须对其内容进行审核，并确认盖章，对其样品真实性负责

2. 承接单位接收样品时，根据样品委托单核实样品，填写样品核实处理情况，签章有效

样品核实处理情况	□符合，正常接收　□不符合，退回　　年　月　日　□符合，销毁　□不符合，销毁　□其他（具体说明：）　承接单位（盖章）
寄（送）样人（签名）	接样人（签名）　　　　　　　　　　年　月　日

附录3　××分中心××年度木薯DUS测试品种接收登记单

测试员：　　　　　　　　　　　　　　　　　　登记日期：

序号	待测品种名称	近似品种名称	品种类型	待测品种材料数量	测试周期	材料来源	备注

附录4　××年度木薯DUS测试品种田间种植排列单

测试员：　　　　　　　　　　　　　　　　　　登记日期：

序号	区号	品种名称	小区行数	测试周期	第××次重复	品种类型	备注

附录5　××年度木薯DUS测试品种田间种植平面图

水　泥　路

种植日期：

测试员：

××m

××m

×　×　m

保　护　行

保　护　行

保　护　行

株距80cm

隔　离　带

护坡

保　护　行

行距100cm

第1行

第2行

第…行

第…行

第…行

附录6 ××年度木薯品种生育期记录表

测试员：

日期 生育期 品种编号	分枝期	初花期	盛花期	成熟期

附录7 ××年度木薯品种目测性状记录表

测试员：

性　　状	品 种 编 号					
1	*顶叶：颜色（20）					
2	*顶叶：茸毛（20）					
3	叶片：颜色（20）					
4	*叶片：彩斑（20）					
5	叶片：下表面主叶脉颜色（20）					
6	叶片：中间裂片形状（20）					
	……					
33	*块根：表皮颜色（40）					
34	*块根：内皮颜色（40）					
35	*块根：肉色（40）					

附录8　××年度木薯品种测量性状记录表

品种编号：　　　　　　　　　　　　　　　　　　　　　　　　　　　　测试员：

观测时间：	1	2	3	4	5	6	7	8	9	10	11	12
8　叶片：中间裂片长度（20）												
9　叶片：中间裂片宽度（20）												
11　叶柄：长度（20）												
13　托叶：长度（20）												
观测时间：												
21　主茎：粗度（40）												
22　主茎：叶柄痕间距（40）												
36　叶柄痕：突起程度												
20　主茎：高度（40）												
28　块根：数量（40）												

附录9　××年度木薯品种图像数据采集记录表

测试员：

采集日期＼拍摄部位　品种编号	植株（分枝期）	叶片（分枝期）	主茎（成熟期）	块根（成熟期）

附录10 ××年度木薯品种收获物记录表

测试员：

收获日期及人员 品种编号 / 收获部位	茎　干		块　根	
	收获日期	收获人	收获日期	收获人

附录11　××年度木薯品种栽培管理记录及汇总表

测试员：

试验信息							
试验地点		地块面积		试验地土质		前茬作物	
区组划分		小区面积		行距		株距	
种植方式		定植株数		标准品种种植设计			

田间管理措施		
定植日期：		
浇水	日期	内容
施肥	日期	内容
打药	日期	内容
其他	日期	内容

附录12　植物品种特异性、一致性和稳定性测试报告

测试编号		属或种	木薯 *Manihot esculenta* Crantz		
品种类型		测试指南	《植物新品种特异性、一致性和稳定性测试指南 木薯》 （NY/T 3055 - 2016）		
委托单位		测试单位	农业部植物新品种测试（××××）分中心		
测试地点					
生长周期	第1生长周期				
	第2生长周期				
材料来源					
有差异性状	近似品种名称	有差异性状	申请品种描述	近似品种描述	备注
特异性	具备特异性				
一致性	具备一致性				
稳定性	具备稳定性				
结　论	□特异性　□一致性　□稳定性（√表示具备，×表示不具备）				
其他说明					
测试 单位	测试员：　　　　　　日期： 测试员建议： 审核人：　　　　　　日期： 审核人建议：			（盖章）： 　　　年　　月　　日		

附件1　性状描述表

测试编号		测试员	
测试单位		农业部植物新品种测试（××××）分中心	

性状	代码及描述		数据
1顶叶：颜色			
2顶叶：茸毛			
3叶片：颜色			
4叶片：彩斑			
5叶片：下表面主叶脉颜色			
6叶片：中间裂片形状			
7叶片：裂片数			
8叶片：中间裂片长度			
9叶片：中间裂片宽度			
……			
……			
41植株：抗倒性			
42植株：抗寒性			

附件2　图像描述

图片描述：××××植株

附录13 一致性测试不合格结果表

测试编号				测试员		测试时间	
测试单位		农业部植物新品种测试（××××）分中心					
性状	典型植株		异型株		调查植株数量（株）	异型株数量（株）	备注
	代码及描述	数据	代码及描述	数据			
							照片

附录14 性状描述对比表

测试编号：			测试员：			
近似品种编号	××××-B		近似品种名称	××××		
测试单位：		农业部植物新品种测试（××××）分中心				
性状	××××-A		××××-B		差异	
	代码及描述	数据	代码及描述	数据		
1顶叶：颜色						
2顶叶：茸毛						
3叶片：颜色						
4叶片：彩斑						
......						
......						
41植株：抗倒性						
42植株：抗寒性						

图书在版编目（CIP）数据

木薯品种特异性、一致性和稳定性测试操作手册与拍
摄技术规程/高玲，徐丽，张如莲主编. —北京：中
国农业出版社，2017.10
ISBN 978-7-109-23373-7

Ⅰ. ①木… Ⅱ. ①高… ②徐… ③张… Ⅲ. ①木薯—
品种特性-测试-技术手册 Ⅳ. ①S533. 037-62

中国版本图书馆CIP数据核字（2017）第231815号

中国农业出版社出版
（北京市朝阳区麦子店街18号楼）
（邮政编码 100125）
责任编辑 黄 宇

中国农业出版社印刷厂印刷 新华书店北京发行所发行
2017年10月第1版 2017年10月北京第1次印刷

开本：787mm×1092mm 1/16 印张：5.5
字数：150千字
定价：40.00元
（凡本版图书出现印刷、装订错误，请向出版社发行部调换）